SITZUNGSBERICHTE DER DEUTSCHEN AKADEMIE
DER WISSENSCHAFTEN ZU BERLIN

Klasse für Medizin
Jahrgang 1959 Nr. 1

HANS STUBBE

EINIGE ERGEBNISSE DER MUTATIONSFORSCHUNG AN KULTURPFLANZEN

Mit 8 Text- und Tafelabbildungen und 8 Tabellen

AKADEMIE-VERLAG · BERLIN
1959

Vorgelegt von Herrn STUBBE in der Gesamtsitzung vom 18. 12. 1958
Zum Druck genehmigt am gleichen Tage, ausgegeben am 21. 5. 1959

Erschienen im Akademie-Verlag GmbH, Berlin W 8, Mohrenstraße 39
Lizenz-Nr. 202 · 100/690/59
Gesamtherstellung: VEB Druckerei „Thomas Müntzer" Bad Langensalza
Bestell- und Verlagsnummer: 2010/59/IV/1
Printed in Germany
ES 18 G 1/22 D

Vor mehr als 30 Jahren machte der amerikanische Genetiker HERMANN MULLER die Entdeckung, daß durch Röntgenbestrahlungen der Taufliege *Drosophila* die Rate erblicher Veränderungen, die spontan sehr niedrig ist, ungewöhnlich erhöht werden kann. Dieser neuen Erkenntnis folgten in der ganzen Welt Untersuchungen, durch die eine große Fülle von Tatsachen erarbeitet wurde, so daß die Strahlengenetik heute ein sehr umfassendes und auch von dem Spezialisten kaum mehr zu überschauendes Teilgebiet der Strahlenbiologie geworden ist.

Sehr bald nach dieser Entdeckung entstand die Frage, wie weit diese neuen Möglichkeiten, Mutationen willkürlich zu erzeugen, also die Formenmannigfaltigkeit der Organismen zu erhöhen, für die Züchtung von Kulturpflanzen mit leistungssteigernden Merkmalen und Eigenschaften Verwendung finden könnten. Von vielen Seiten wurde diesem Problem zunächst größte Skepsis entgegengebracht. So wurden z. B. in Amerika derartige Untersuchungen vorerst nicht begonnen, weil der Genetiker STADLER, der mit Mais und anderen Gramineen arbeitete, nach seinen Erfahrungen die Erfolgsaussichten pessimistisch beurteilte. Erst in den letzten Jahren hat sich diese Meinung geändert und heute werden in Nordamerika an vielen Kulturpflanzen Mutationsversuche mit kurzwelligen Strahlen und anderen mutagenen Agenzien durchgeführt.

In Europa, insbesondere in Schweden, in der Sowjetunion und in Deutschland wurde das Problem, züchterisch wertvolle Mutanten auf experimentellem Wege zu erzeugen, bald nach der Entdeckung MULLERS bearbeitet. Der große schwedische Züchtungsforscher NILSSON-EHLE hat solche Arbeiten, die später von seinem Schüler GUSTAFSSON fortgeführt wurden, schon 1929 eingeleitet. Vor etwa 25 Jahren gab es auch in der Sowjetunion, insbesondere durch die Arbeiten von DELAUNAY (1931—1934) und SAPEHIN (1930—1936) wertvolle Ansätze in dieser Richtung, die dann leider gestört wurden. In Deutschland konnten wir gleichfalls seit 1929 auf Grund von Erfahrungen, die wir bei Mutationsversuchen mit dem Gartenlöwenmaul *Antirrhinum majus* machten, immer wieder auf die Möglichkeiten hinweisen, die die experimentelle Mutationsforschung für die Schaffung züchterisch wertvollen Variantenmaterials bei unseren Kulturpflanzen erwarten ließ. Die gemeinsam mit KUCKUCK im Kaiser-Wilhelm-Institut für Züchtungsforschung in Müncheberg/Mark an Gerste schon 1932 begonnenen Versuche mußten 1936 unterbrochen werden und konnten von mir und meinen Mitarbeitern erst nach Kriegsende im Institut für Kulturpflanzenforschung der Deutschen Akademie der Wissenschaften zu Berlin in Gatersleben weitergeführt werden. In der Zwischenzeit begannen FREISLEBEN und LEIN am Universitätsinstitut für Pflanzenzüchtung in Halle an Gerste zu arbeiten. Diese Versuche wurden dann mit großem Erfolg von HOFFMANN fortgeführt.

Es kann nicht meine Aufgabe sein, Ihnen die zahlreichen Ergebnisse der Mutationsforschung an Kulturpflanzen im einzelnen vorzutragen. Sie sind nicht nur an höheren Pflanzen erarbeitet worden. Die neue Methode hat uns die Möglichkeit gegeben, auch niedere Pflanzen durch die Erzeugung züchterisch wertvoller Mutanten zu Kulturpflanzen zu machen. So war man bei der großtechnischen Gewinnung von Penicillin in USA und England bestrebt, durch die Isolierung immer leistungsfähigerer Stämme von *Penicillium* eine entscheidende Senkung der Produktionskosten zu erreichen. In der zweiten Phase der Entwicklung der Penicillin-Industrie wurden dann unter Ausnutzung der Erfahrungen, die mit den biochemischen Mutanten des Pilzes *Neurospora* gemacht wurden, äußerst wertvolle strahleninduzierte Mutanten bei Penicillium erzeugt. Hier sind die grundlegenden Arbeiten von DEMEREC, BACKUS u. a. vornehmlich zu nennen. Bei Actinomyceten gelang es KELNER (1948), durch Röntgenbestrahlung aus einem antibiotisch inaktiven Stamm Mutanten von hoher antibiotischer Aktivität zu isolieren. Neuerdings haben PROKOFIEVA-BELGOVSKAYA und Mitarbeiter (1958) im Institut für Biophysik und im Institut für Antibiotikaforschung in Moskau ebenfalls bei *Actinomyces* über strahleninduzierte Mutanten berichtet, die wesentlich ergiebiger in der Streptomycin-Produktion sind als die Ausgangsstämme. Bei der Großproduktion von Itaconsäure auf mikrobiellem Wege in USA wurde durch induzierte Mutanten von *Aspergillus terreus* ebenfalls eine wesentliche Erhöhung der Ausbeute an Itaconsäure bei Glucoseernährung erzielt (LOCKWOOD u. a. 1945, RAPER u. a. 1945).

Die Erzeugung leistungsfähiger Mutanten bei den industriell wichtigen Mikroorganismen führte also zu sehr bedeutsamen wirtschaftlichen Erfolgen. Da über diese Arbeiten im allgemeinen wenig publiziert wird, weil sie meist in Industrie-Laboratorien durchgeführt wurden, können wir annehmen, daß noch viele weitere Ergebnisse vorliegen, die die Brauchbarkeit dieser Methode immer wieder beweisen.

Bei der vom Menschen kontrollierten und gesteuerten Evolution der Kulturpflanzen, die eine stetige bewußte oder unbewußte Selektion auf neue Genkombinationen mit einer maximalen Anpassung der Arten oder Populationen an die Bedürfnisse des Menschen darstellt, werden wir die Möglichkeiten der experimentellen Mutationsforschung nicht mehr vernachlässigen dürfen. Sie tritt in Zukunft gleichberechtigt neben die Erforschung, Sammlung und Erhaltung des Weltreservoirs an Kulturpflanzen und ihrer nächsten Verwandten und gibt uns die Möglichkeit, ganz neue Kulturpflanzen zu schaffen.

Für die Beurteilung des züchterischen Wertes von Mutanten unserer höheren Kulturpflanzen sind vor allem Leistungsprüfungen, d. h. Feldversuche, von großer Bedeutung. Ergebnisse von Leistungsprüfungen größerer Mutantensortimente über mehrere Jahre und möglichst auch unter verschiedenen Anbaubedingungen wurden bisher vor allem in Schweden publiziert. Über solche Versuche an Gerste berichtete GUSTAFSSON (1947) und zuletzt FRÖIER (1954), mit Mutanten von Weizen und Hafer MAC KEY (1954). In Deutschland hat HOFFMANN 1951 Angaben über mehrjährige Prüfungen von Gerstenmutanten in Halle gemacht.

Die Ergebnisse dieser Feldversuche sind durchaus ermutigend und zeugen von den vielfältigen züchterischen Möglichkeiten der Mutationszüchtung. Die geprüften Mutanten zeichnen sich meist durch Merkmale und Eigenschaften aus, die für ein spezielles Zuchtziel einen Fortschritt bedeuten. Viele dieser Mutanten sind in ihrer Ertragsleistung den Ausgangssorten gleichwertig oder übertreffen sie sogar. In Schweden wurden einige Mutantenstämme von Fremdbefruchtern zu Handelssorten entwickelt, so vom Weißen Senf und vom Sommerraps. Aber auch eine Erbsenmutante konnte in den Handel gebracht werden. In Deutschland und USA wurden induzierte Bohnenmutanten dem Handel übergeben. Bei Gerste sind die erectoides-Mutanten von großem züchterischem Wert. Auch über sie ist in Schweden vielfach gearbeitet worden. Sie zeichnen sich durch große Standfestigkeit aus, vertragen deshalb hohe Stickstoff-Düngermengen und können auf diese Weise höhere Erträge liefern. GUSTAFSSON bezeichnete sie daher auch als „Stickstoffökotypen“. Besonders wertvolle Mutanten sind auch jene, die neue Resistenzallele gegen verschiedene Krankheiten enthalten. Mehltauresistente Gerstenmutanten sind mehrfach gefunden worden (FREISLEBEN u. LEIN, 1942, HÄNSEL u. ZAKOVSKY, 1956). Bei Hafer und Weizen wurden in USA induzierte und spontane Mutanten selektioniert, die resistent gegen verschiedene Pilzkrankheiten sind (u. a. FREY 1955, KONZAK 1954, MYERS et al. 1956, WHEELER u. LUKE 1955). Ebenso konnten Allele gefunden werden für Rostresistenz bei Lein (FLOR 1955) und Resistenz gegen Blattfleckenkrankheit und Stengelfäule bei der

Erdnuß (GREGORY 1956). Auch vegetativ vermehrbare Pflanzen wurden in den letzten Jahren mit Erfolg bearbeitet, so Obst, Kartoffeln und Zierpflanzen (u. a. GRANHALL 1954, BISHOP 1954, ZWINTZSCHER 1955, BAUER 1957).

Daß aber auch Chromosomenaberrationen, die meist unerwünschte Begleiterscheinungen bedingen, unter Umständen zu züchterisch wertvollen Formen führen können, haben NYBOM (1954, 1956) an Gerste und SEARS in USA beim Weizen gezeigt. Die meist letale Wirkung von Chromosomenaberrationen konnte von BUSHLAND und Mitarbeitern (1958) für die Bekämpfung der screw-worm-Fliege, die Rinder- und Ziegenherden in den Tropen und Subtropen befällt, ausgenutzt werden.

Ich konnte hier nur ganz wenige Beweise für die Bedeutung der angewandten Mutationsforschung geben, und möchte nun von einigen Ergebnissen berichten, die wir seit 1946 mit verschiedenen Pflanzen am Institut für Kulturpflanzenforschung der Deutschen Akademie der Wissenschaften in Gatersleben erzielten.

Dazu noch einige Vorbemerkungen: Jeder, der auf dem Gebiet der Mutationsforschung mit Kulturpflanzen arbeitet, um züchterisch wertvolle Formen zu erzeugen, macht die Erfahrung, daß nur ein sehr geringer Teil der produzierten Mutanten Aussicht auf züchterischen Wert hat. Diese Tatsache hat in manchen Kreisen zu einer Ablehnung der Anwendung dieser Methode in der Pflanzenzüchtung geführt. Ein solcher Standpunkt vernachlässigt einige wesentliche Gesichtspunkte.

Erstens gehen wir bei Mutationsversuchen an Kulturpflanzen in der Regel von hochleistungsfähigen Kultursippen aus. Es ist daher gar nicht zu erwarten, daß besser angepaßte Formen in größerer Zahl entstehen. Die Erzeugung züchterisch wertvoller Allele in solchen Idiotypen bedingt aber eine Abkürzung des Zuchtverfahrens, da bereits in der X_2- bzw. der F_2-Generation homozygotes Material vorliegt. Die Kombinationszüchtung, wie sie bisher vielfach angewandt wurde, benötigt einen viel längeren Zeitraum, um zu erblich reinen Linien bzw. leistungsfähigen Populationen zu kommen. Ferner können bei Anwendung dieser Methode Mutantenkombinationen innerhalb eines leistungsfähigen Idiotyps leicht durchgeführt werden, sie werden ebenfalls schon in der F_2 homozygot gefunden. Den Mutantenkombinationen müssen wir im Rahmen der Mutationsforschung an Kulturpflanzen besonders große Bedeutung beimessen.

Bei alten Kulturpflanzen, die schon seit langerZeit züchterisch bearbeitet werden, lassen sich also einer leistungsfähigen Sorte einzelne vorteilhafte Merkmale und Eigenschaften hinzufügen, ohne langwierige Rückkreuzungen durchführen zu müssen. Bei jungen Kulturpflanzen lassen sich Kulturmerkmale induzieren, die im spontanen Variantenmaterial fehlen oder sehr selten auftreten. Ebenso können extrem heterozygoten Klonen vegetativ vermehrbarer Pflanzen, die nur schwer eine aussichtsreiche Kombinationszüchtung erlauben, einzelne wertvolle Merkmale und Eigenschaften hinzugefügt werden, und schließlich können enge Koppelungen gebrochen und kleine Segmente eines nicht homologen Chromosoms auf ein anderes übertragen werden.

Zweitens sind nicht alle Mutanten, die in der Ausgangssorte pathologische Störungen bewirken, züchterisch von vornherein unbrauchbar. In einer geeigneten idiotypischen Kombination können sie ihren pathologischen Charakter verlieren und züchterisch wertvoll werden. Ich gebe hierzu ein Modellbeispiel: Bei dem Gartenlöwenmaul *Antirrhinum majus*, mit dem wir viele theoretische Versuche im Laufe der Jahre durchführten, erzeugten wir die Mutante *eramosa*, die die Fähigkeit, Seitensprosse zu bilden, fast ganz verloren hat. Sie zeigt ferner schwere pathologische Störungen in der Blütenregion, Hemmung der Blütenbildung, Deformation der Blüten etc. Aber an dieser pathologischen Form manifestiert sich ein züchterisch wertvolles Merkmal, die fehlende Verzweigung bedingt einen aufrechten, geradschäftigen Wuchs, der für jeden Zierpflanzenzüchter seit langem ein erwünschtes Zuchtziel bei dieser Pflanze ist. Einem unserer bekanntesten Zierpflanzenzüchter am Institut für Pflanzenzüchtung der Deutschen Akademie der Landwirtschaftswissenschaften in Quedlinburg, Herrn VOGEL, ist es durch Einkreuzung dieser pathologischen Form in andere Sorten gelungen, ein einstengliges und hochwüchsiges Gartenlöwenmaul zu schaffen, bei dem die pathologischen Blütenstandveränderungen durch das veränderte idiotypische Milieu normalisiert sind. Der innerhalb der Entstehungssippe der Mutante vorhandene pathologische pleiotrope Komplex ist aufgelöst. Die züchterisch erwünschte fehlende Seitensproßbildung im vegetativen Bereich blieb erhalten, die Blütenregion ist normal. Es ist in der Hand eines hervorragenden Züchters auf diese Weise eine neue, seit langem erwünschte Zuchtsorte entstanden (s. Abb. 1—6).

Drittens muß ich erwähnen, daß die große Anzahl pathologischer und züchterisch unbrauchbarer Mutanten für theoretische Untersuchungen mannigfacher Art von großer Bedeutung ist. In physiologischer, entwicklungsphysiologischer und biochemischer Hinsicht bieten unsere Mutantensortimente eine unerschöpfliche Fundgrube für Untersuchungen zum Verständnis der Genwirkung. Für morphologische, entwicklungsgeschichtliche und systematische Untersuchungen sind sie von ebenso großer Bedeutung wie für die immer weitere Vertiefung unserer Erkenntnisse von der Genetik dieser Objekte. Allein die Tatsache, daß wir z. B. in dem Sortiment von Gerstenmutanten die Wiederkehr der gesamten natürlichen Formenmannigfaltigkeit der Gattung *Hordeum* feststellen können, ist von großem Wert für unser Verständnis von den Ursachen der Formenmannigfaltigkeit in dieser Gattung.

Viertens lassen Sie mich eindeutig feststellen, daß die Auslese züchterisch wertvoller Formen in der Nachkommenschaft von Organismen, die mit ionisierenden Strahlen behandelt wurden, nicht den Fehlschluß zulassen darf, den ein berühmter amerikanischer Atomphysiker kürzlich gemacht haben soll, daß diese

Strahlen für die menschliche Population wohl doch nicht so gefährlich sein könnten, weil ja auch wertvolle Mutationen entstünden. Dieser Fehlschluß ist um so schwerwiegender, als er Gefahren bagatellisiert, die für das Menschengeschlecht ernste Folgen haben können, wenn wir ihnen nicht rechtzeitig begegnen. Bei unseren biologischen Objekten können wir die große Zahl pathologischer Formen jederzeit ausmerzen oder nach unserem Willen mit ihnen experimentieren. Beim Menschen sind wir an die Gesetze der Ethik gebunden, die jedes Experiment ausschließen. Vor allen mutagenen Agenzien, denen der Mensch ausgesetzt ist, muß daher von genetischer Seite in höchstem Maße gewarnt werden.

Nach diesen Vorbemerkungen will ich zu den Mutationsversuchen an Kulturpflanzen in Gatersleben zurückkehren. Wir begannen zunächst mit Versuchen an Sommer- und Wintergersten. In jedem Fall wurden ruhende Samen mit Röntgenstrahlen behandelt. Das gegenwärtige Sortiment röntgeninduzierter Mutanten umfaßt etwa 800 Formen. Eine Anzahl von ihnen fanden zu genetischen, morphologisch-entwicklungsgeschichtlichen und physiologischen Untersuchungen Verwendung. Im Mittelpunkt der Arbeiten aber standen die vom züchterischen Standpunkt interessanten Formen. Mit ihnen, also z. B. glattgrannigen, nacktkörnigen, frühreifen, großkörnigen und standfesten Mutanten wurden in den letzten Jahren Leistungsprüfungen durchgeführt. Im ganzen wurden etwa 200 verschiedene Mutantenlinien in Ertragsversuchen geprüft, ein Teil davon jedoch nur ein oder zwei Jahre, entweder weil manche Mutanten erst in den letzten Jahren ausgelesen wurden, oder weil sich bei anderen bereits im ersten Jahre Mängel herausstellten, die weitere Prüfungen unnötig erscheinen ließen. Über die Ertragsversuche mit etwa 100 Mutanten von Sommer- und Wintergerste hat kürzlich mein Mitarbeiter Dr. Scholz, der diese Versuche weiterführt, berichtet. Die wichtigsten Ergebnisse bis zum Jahre 1957 sind in den Tabellen 1

Tabelle 1: Kornerträge von Sommergerstenmutanten (zweizeilig) in mehrjährigen Leistungsprüfungen (nach SCHOLZ)

Mutante		Anzahl der Prüfjahre	Durchschn. relat. Ertrag(Ausgangssorte = 100)
2654	*erectoides*	6	105,7
2660	*erectoides*	5	105,1
3229	*erectoides*	2	104,3
2671	*erectoides*	3	103,4
4013	*erectoides*	3	101,0
3211	*erectoides*	3	100,6
2661	*erectoides*	4	100,2
4009	*erectoides*	3	99,5
4018	*erectoides*	2	98,5
3061	*erectoides*	3	97,7
3059	*erectoides*	5	97,3
4129	nacktkörnig	6	101,8[1])
3041/6a	nacktkörnig	4	95,7[1])
3945	halbglattgrannig	6	112,6
3943	halbglattgrannig	4	110,7
3946	halbglattgrannig	4	107,7
3042	halbglattgrannig	3	102,8
4033	glattgrannig	5	108,0
3706	früher (3 Tage)	5	97,7
3705	großkörnig	4	99,6
4242	großkörnig, früher (6 T.)	3	103,5
3887	großkörnig, früher (5 T.)	3	97,8
3746	großkörnig, früher (3 T.)	5	96,6
3741	großkörnig, früher (4 T.)	4	96,2
3635	„ertragreich"	8	103,3
2590	„ertragreich"	5	102,8
2636	„ertragreich"	4	102,5

und 2 zusammengefaßt. Bei Sommergersten handelt es sich um Mutanten der Sorten Haisa und Donaria, beide 2-zeilig, bei den Wintergersten um Mutanten der vierzeiligen Sorten Friedrichswerther Berg, Peragis Mittelfrühe II und Kleinwanzlebener 12. Die Resultate sind folgende:

[1]) unter Berücksichtigung des Spelzenanteils

Sehr zufriedenstellende Ergebnisse brachten die standfesten *erectoides*-Mutanten der zweizeiligen Sommergerste (Tab. 1), sie stehen in voller Übereinstimmung mit den Erfahrungen anderer Autoren. Die überlegene Standfestigkeit dieser Formen steht außer Zweifel. Mit ihrer Hilfe müßte es möglich sein, zu ertragreichen und ausgesprochen standfesten neuen Sorten zu kommen, bei denen gerade bei hohen Stickstoffgaben positive Ertragsunterschiede gegenüber den Ausgangssorten zu erwarten sind.

Besonders wertvoll sind auch die nacktkörnigen Mutanten bei Sommergerste, die ein sehr instruktives Beispiel für die Möglichkeit der mutativen Veränderung eines einzelnen Merkmals unter Beibehaltung aller übrigen Merkmale der Ausgangssorte darstellen. Der Vorteil der Nacktgerste beruht vor allem auf der rationelleren Futterverwertung in der Schweinemast. Bisherige Versuche zur Züchtung ertragreicher Nacktgersten in Mitteleuropa, bei denen man darauf angewiesen war, das Allel für Nacktkörnigkeit aus primitiven Formen in leistungsfähige einheimische Sorten einzukreuzen, haben trotz intensiver Arbeit in vielen Jahren nicht zum gewünschten Erfolg geführt. Unsere nacktkörnigen Mutanten dagegen liefern gleichwertige Erträge wie die Ausgangssorten und unterscheiden sich von ihnen nicht mit Ausnahme der Nacktkörnigkeit (SCHOLZ 1955).

Ähnliche Verhältnisse liegen bei den halbglattgrannigen und glattgrannigen Mutanten vor, die wir geprüft haben. Die Erträge dieser Formen sind im Durchschnitt sogar deutlich höher als bei den Ausgangssorten.

Günstig haben auch einige „ertragreiche“ Mutanten abgeschnitten, die keine deutlichen Veränderungen gegenüber den Ausgangssorten aufweisen und nur wegen des guten habituellen Eindrucks ausgelesen worden waren.

Weniger gut waren großkörnige Mutanten, ein Vorteil ist von ihnen nicht zu erwarten. Auch die früh schossenden bzw. frühreifen Mutanten der Sommergerste gaben nur selten befriedigende Erträge.

Tabelle 2: Kornerträge von Wintergerstenmutanten (vielzeilig) in mehrjährigen Leistungsprüfungen (nach SCHOLZ)

Mutante		Anzahl der Prüfjahre	Durchschn. relat. Ertrag (Ausgangssorte = 100)
506	früher (4 Tage)	4	115,0
481	früher (4 Tage)	5	105,6
505	früher (4 Tage)	4	104,4
941	früher (8 Tage)	4	103,0
969	früher (5 Tage)	3	102,3
496	früher (4 Tage)	4	101,4
515	mehltauresistent	4	119,1
520	mehltauresistent	4	113,1
511	mehltauresistent	4	112,8
512	mehltauresistent	3	108,0
818	langstrohig, spät	3	109,4
829	langstrohig, spät	2	103,9
803	langstrohig, spät	2	100,0
507	breitblättrig	4	107,4

Im Gegensatz zu den frühreifen Mutanten der Sommergerste zeichneten sich die Mutanten der Wintergerste (Tab. 2), die bis zu 8 Tage früher Ähren schieben bzw. bis zu 5 Tage früher reifen, durch mindestens gleiche, vielfach höhere Erträge gegenüber den Ausgangssorten aus. Diese verschiedenen Reaktionen bei Sommer- und Wintergerste hängen vermutlich eng mit den Unterschieden im Vegetationsrhythmus und mit den örtlichen klimatischen Verhältnissen zusammen. Die Versuche zeigen aber, daß die Verwendung geeigneter Mutanten aussichtsreich ist, wenn unter bestimmten Verhältnissen die Züchtung frühreifer Sorten erforderlich ist.

Hervorragend sind die mehltauresistenten Mutanten bei Wintergerste. Wegen ihrer guten Feldresistenz liegen ihre Erträge, insbesondere in feuchten Jahren, wenn günstige Infektionsmöglichkeiten für den Mehltau gegeben sind, ausgesprochen hoch. Typisch dafür war das Jahr 1956 mit relativen Erträgen der Mutanten von durchschnittlich 130% im Vergleich zu den

Ausgangssorten. Die Resistenz der in Tab. 2 angeführten Mutanten beruht auf einem gemeinsamen dominanten Allel „*Resistens*"; eine weitere, hier nicht zitierte Mutante hat das Allel „*Obsistens*" (NOVER u. BANDLOW 1958). Diese beiden Allele bedingen Resistenzspektren gegenüber den verschiedenen Mehltaurassen, wie sie bisher nicht bekannt waren. Mit ihrer Hilfe konnten außerdem die Mehltaurassen weiter differenziert werden (NOVER 1957).

Seit einigen Jahren versuchen wir, mit Hilfe von Rohprotein-Serienanalysen an X_2-Pflanzen und deren Nachkommenschaften Formen zu finden, die einen höheren Eiweißgehalt als die Aus-

Tabelle 3: Der Rohproteingehalt eiweißreicher Mutanten im Vergleich zu den Kontrollen (Ausgangsformen) [nach SCHOLZ]

Ausgangsform (Kontrolle)	Mutante	1955 %	1956 %	1957 %	Durchschnitt %
Sommergerste Freya	St. 5830	13,7	15,6	15,8	15,0
	Kontrolle	11,2	12,5	12,2	12,0
	Differenz	+ 2,5	+ 3,1	+ 3,6	+ 3,0
	St. 5831	14,8	16,2	15,2	15,4
	Kontrolle	12,2	12,9	11,1	12,1
	Differenz	+ 2,6	+ 3,3	+ 4,1	+ 3,3
Mut. 4129 nudoides (röntgeninduzierte Mutante der Sommergerste Haisa)	St. 5707	16,9	16,6	15,7	16,4
	Kontrolle	12,7	14,5	13,4	13,5
	Differenz	+ 4,2	+ 2,1	+ 2,3	+ 2,9
	St. 5708	15,1	16,2	15,3	15,5
	Kontrolle	12,6	14,5	13,4	13,5
	Differenz	+ 2,5	+ 1,7	+ 1,9	+ 2,0

gangssorten haben. Bei den Serienanalysen wird das KJELDAHL-Verfahren nach dem Prinzip der Müncheberger Arbeitsweise (nach SCHWARZE) angewandt.

Bei Wintergerste wurden bisher durchschnittlich etwa 8000, bei Sommergerste etwa 17000 X_2-Pflanzen jährlich auf ihren

Rohproteingehalt untersucht. Wegen der außerordentlich starken Modifikabilität des Eiweißgehalts sind die Arbeiten erschwert und müssen an großem Material und über viele Jahre durchgeführt werden.

Bei Sommergerste sind 12 auf X_2-Pflanzen zurückgehende Stämme vorhanden, bei denen der Eiweißgehalt in drei aufeinanderfolgenden Jahren (X_4-, X_5- und X_6-Generation) höher war als bei den Ausgangssorten. Die Erhöhungen sind z. T. unwesentlich, in einigen Fällen jedoch beachtenswert. Die Ergebnisse mit den 4 besten Stämmen sind in Tabelle 3 zusammengestellt. Die Stämme unterscheiden sich morphologisch kaum von den Ausgangsformen. Zwei von ihnen sind röntgeninduzierte Mutanten der Sommergerstensorte Freya (var. *nutans*). Die zwei übrigen Stämme sind nacktkörnig, sie sind nach erneuter Bestrahlung einer röntgeninduzierten nacktkörnigen Mutante der bespelzten Sommergerstensorte Haisa entstanden. Bei den eiweißreichen Mutanten ist der Rohproteingehalt bis zu ¼ höher als bei den Ausgangssorten. Die angegebenen Werte für den Rohproteingehalt eines jeden Jahres sind Durchschnittswerte aller angebauten Wiederholungsparzellen (s. o.) und in Vergleich gesetzt zu den Werten der benachbarten Kontrollpflanzen. Auch bei jüngerem Material liegen verschiedene Formen vor, die einen höheren Eiweißgehalt haben dürften, jedoch können hier noch keine sicheren Aussagen gemacht werden. Im Gegensatz zu Sommergerste sind die Versuche bei Wintergerste bisher negativ verlaufen.

Über die Ertragsfähigkeit der eiweißreichen Mutantenlinien läßt sich vorerst nichts Endgültiges sagen, da meist nur einjährige Ergebnisse vorliegen. Jedoch scheinen die eiweißreichen Formen im allgemeinen die Tendenz zu haben, den Ausgangssorten im Ertrage unterlegen zu sein. In den wenigen bisherigen Versuchen lagen die relativen Erträge dieser Mutanten ungefähr zwischen 80 und 90%. Mehrjährige Versuche mit größerem Material werden hierüber erst sichere Aufschlüsse geben. Ob

Tabelle 4: Ergebnisse von Ertragsversuchen einiger Mutantenstämme der Sojabohne im Vergleich zur Ausgangssorte im Jahre 1957 (nach ZACHARIAS)

Versuchs-Nr.	M kg/Parzelle	dz/ha	relativ	d	t	P %	Vegetationszeit in Tagen
Heimkraft I	1,807	9,04	100	—	—	—	154
Mutantenstämme							
C-V 79	2,107	10,54	116,59	+0,300	25,00	<0,10	157
C-V 107	1,928	9,64	106,64	+0,121	10,08	<0,10	149
C-V 168	1,850	9,25	102,32	+0,043	3,58	<0,10	149
C-V 177	1,897	9,49	104,98	+0,090	7,5	<0,10	156
C-V 181	2,030	10,15	112,28	+0,223	18,58	<0,10	147
C-V 190	2,190	10,95	121,19	+0,383	31,92	<0,10	155

die eiweißreichen Mutanten monogen bedingt sind, konnte noch nicht festgestellt werden.

Ein zweites Objekt, das wir in den Bereich unserer Untersuchungen einbezogen, ist die Sojabohne, die von meinem Mitarbeiter Dr. ZACHARIAS bearbeitet wird. Bei dieser wertvollen Kulturpflanze spielt unter den klimatischen Verhältnissen Deutschlands als Zuchtziel die Erhöhung des Ertrages und die Sicherheit des Ertrages durch Frühreife eine besondere Rolle. Erst wenn diese Zuchtziele erreicht sind, wird die Sojabohne bei uns zu einer wirklichen Kulturpflanze werden können. Unser Mutantensortiment umfaßt bisher ca. 300 verschiedene Formen. Die in den Jahren 1953 und 1954 selektionierten Mutanten mit gutem Hülsenbehang und kürzerer Vegetationszeit wurden in den darauffolgenden Jahren stark vermehrt, um Leistungsprüfungen durchführen zu können. Die Prüfungen des Jahres 1957 bestätigen, daß die zum Teil durch morphologische Merkmale klar von der Ausgangssorte unterschiedenen Mutanten dieser im Ertrag überlegen sind und auch zum Teil 5 bis 7 Tage früher zur Reife kommen (s. Tab. 4). Um sichere

Erträge zu erhalten, kann man die Vegetationszeit bei gleichbleibendem Erntetermin aber auch dadurch verlängern, daß man Stämme selektioniert, die bei niedrigeren Temperaturen keimen als die Ausgangsform, die also früher ausgesät werden können. Während die normale Keimungstemperatur bei 6 bis 6,5° C liegt, gelang es, durch Selektion in der Klimakammer einige Samen bei 4,5° C unter Tausenden zur Keimung zu bringen. Daraus wurden Stämme entwickelt, die durch eine etwa 6 Tage frühere

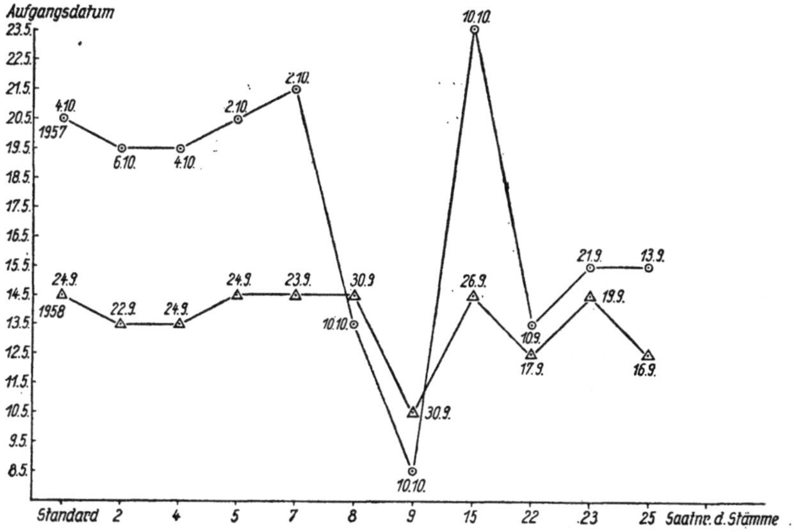

Abb. 7. Die Beziehungen zwischen Aufgangsdaten und Ernteterminen von 12 Soja-Stämmen in den Jahren 1957 und 1958 (nach ZACHARIAS).

Keimung einen Entwicklungsvorsprung erhalten, den sie bis zur Reife noch vergrößerten (s. Abb. 7). Nicht immer bedeutet jedoch eine frühzeitige Keimung auch eine frühere Reife (s. Stamm 9), sie kann auch eine Reifeverzögerung zur Folge haben. Untersuchungen zur Klärung dieses Verhaltens sind eingeleitet.

Unsere bisherigen Versuche mit der Sojabohne haben also ergeben, daß die beiden wichtigsten Zuchtziele: Steigerung des Ertrages und Sicherung des Ertrages mit Hilfe experimentell induzierter Mutanten erreicht werden können, wobei allerdings die absoluten Zahlen noch immer nicht genügen, um den Anbau dieser wertvollen Kulturpflanze unter den klimatischen Verhältnissen Deutschlands zu vergrößern. Manche dieser Mutanten sind jedoch als Kreuzungseltern bei Verbindungen mit frühreifen und ertragreichen chinesischen Sorten von großem Wert, die wir im Jahre 1956 aus Nordost-China von einer Sammelreise mitbrachten.

Sehr umfangreiche Mutationsversuche haben wir auch mit der Kulturtomate *Lycopersicon esculentum* und parallel dazu mit der Wildtomate *Lycopersicon pimpinellifolium* durchgeführt. Unser Mutantensortiment bei der Kulturtomate umfaßt gegenwärtig ca. 350 Formen, bei der Wildtomate 250 Formen. Wir führen Versuche mit Wildformen der Gattung *Lycopersicon* und auch der Gattung *Hordeum* durch, um die Frage der Erzeugung von Parallelmutationen und damit zusammenhängende Evolutionsfragen innerhalb jeder Gattung zu klären. Über diese Versuche will ich hier nicht berichten.

Das Mutantensortiment der Kulturtomaten bietet viele Möglichkeiten der theoretischen und angewandten Arbeit. Als praktisch wichtiges Zuchtziel bearbeiten wir das Problem der Frühreife unter gleichzeitiger Erhaltung eines hohen Ertrages mit einer gleichmäßigen und guten Fruchtsortierung. Wir haben in großer Zahl frühreife Mutanten erzeugt, sie mit allen uns erreichbaren frühreifen Sorten gekreuzt, und im Jahr 1958 eine große Anzahl von F_3-Stämmen im Anbau gehabt, die aus selektionierten frühreifen F_2-Pflanzen stammten. Über die Ergebnisse dieses großen Versuches kann ich leider noch keine exakten Angaben machen.

Ich möchte jedoch auf die ersten Ergebnisse einer Gemeinschaftsarbeit hinweisen, die wir bei Tomaten mit dem Alkaloid-Chemiker Dr. SCHREIBER von der Forschungsstelle für Kartoffelkäferbekämpfung der Deutschen Akademie der Landwirtschaftswissenschaften in Mühlhausen erhielten. Es handelt sich dabei sowohl um alkaloidchemisch interessante wie auch praktisch bedeutungsvolle Untersuchungen, die sich von seiten des Chemikers bis jetzt folgendermaßen zusammenfassen lassen:

Seit den grundlegenden Arbeiten von FONTAINE und seinen Schülern wissen wir, daß alle bisher untersuchten Lycopersicon-Arten das Alkaloidglycosid Tomatin in wechselnden Mengen enthalten. Das Vorkommen von Tomatin ist jedoch nicht auf die Gattung *Lycopersicon* beschränkt, denn nach den neuesten Untersuchungen SCHREIBERS findet sich dieses Alkaloid auch in den Wildkartoffeln *Solanum demissum* und *S. polyadenium.* Neben Tomatin ist in geringen Mengen das zuckerfreie Aglykon des Tomatins, das Tomatidin sowie das mit diesem Alkaloid chemisch und biogenetisch nahe verwandte Steroid-Sapogenin Neotigogenin in *Lycopersicon pimpinellifolium* nachgewiesen worden. Tomatin gehört chemisch zur Gruppe der Glycosteroid-alkaloide. Es hat seit seiner Entdeckung in zunehmendem Maße an Bedeutung gewonnen und wegen seiner besonderen Eigenschaften das Interesse ganz verschiedener Forschungsrichtungen erregt. So ist die Resistenz gegen Kartoffelkäfer der meisten *Lycopersicon*-Arten und einiger Wildkartoffeln auf das Vorkommen gewisser Tomatinmengen in den Blättern dieser Pflanzen zurückzuführen. Zahlreiche Mikroorganismen werden in ihrer Entwicklung durch Tomatin gehemmt. Alle Befunde deuten darauf hin, daß phytopathogene Mikroorganismen nur gering, Dermatophyten jedoch in starkem Maße durch dieses Alkaloid geschädigt werden. Das Hauptinteresse der pharmazeutischen Industrie an den *Solanum*- bzw. *Lycopersicon*-Alkaloiden hat jedoch einen anderen Grund. Tomatidin wie auch einige weitere *Solanum*-Alkaloide lassen sich chemisch mit guter Ausbeute zu Pregnanderivaten abbauen, die als Zwischenprodukte für die industrielle Synthese therapeutisch wichtiger Sexual- und Nebennierenrinden-Hormone Verwendung finden. Darüber hinaus eignet sich Tomatin, ähnlich wie das nicht so leicht gewinnbare und teure Digitonin, vorzüglich für die

2*

selektive Fällung verschiedener Steroide, so daß in Zukunft mit einem größeren Bedarf an diesem Alkaloid, insbesondere für die laufenden Sterinbestimmungen in klinischen Laboratorien gerechnet werden darf. So ist verständlich, daß man sich im Laufe der letzten Jahre eingehend sowohl mit der Pharmakologie und Toxicologie des Tomatins und seiner Derivate als auch mit der Chemie und Biochemie des Alkaloids beschäftigt hat. Dennoch ist man heute über die eigentliche Biogenese des Tomatins und die hiermit zusammenhängenden pflanzenphysiologischen Vorgänge kaum unterrichtet.

Das umfangreiche Gaterslebener Sortiment an experimentell erzeugten Mutanten von *Lycopersicon esculentum* und *Lycopersicon pimpinellifolium* bot nun Gelegenheit, noch ungeklärte Fragen der Biogenese des Tomatins zu untersuchen. 1957 wurden an etwa 100 Mutanten alkaloidchemische Untersuchungen durchgeführt.

Zusammenfassend kann festgestellt werden, daß weitaus die meisten der überprüften Mutanten sich in ihrem Alkaloidgehalt sowohl qualitativ als auch quantitativ nicht oder nur geringfügig von den Kontrollen unterschieden. Einige der Mutanten waren im Vergleich zu den Kontrollpflanzen relativ alkaloidarm, andere, insbesondere eine Anzahl von Mutanten von *Lycopersicon pimpinellifolium* (s. Tab. 8), zeigten einen auffallend hohen prozentualen Alkaloidgehalt ihrer Blätter. Beziehungen zwischen Höhe des Alkaloidgehaltes auf der einen Seite und Stärke der Chlorophyllbildung in den Blättern auf der anderen Seite wurden nicht festgestellt. Im allgemeinen waren die schwachwüchsigen Mutanten alkaloidreicher als die starkwüchsigen, eine Feststellung, die auch bei der Untersuchung anderer Alkaloide und Pflanzen immer wieder eine Bestätigung findet.

Die chemische Untersuchung der isolierten Einzelalkaloide führte zu überraschenden Ergebnissen. In verschiedenen Mutanten wurden neben den bekannten Tomatidinglycosiden

Tabelle 5: Der Alkaloidgehalt der Blätter einiger Mutanten von *Lyc. esculentum* (Sorte: „Condine Red") *)

Nr.	Bezeichnung	% Alkaloid- in der Trocken-Substanz	rel. Alkaloid-geh., Kontr. = 100	To.	β-To.	De.	β-De. [2]
22/57	Condine Red-Kontrolle	0,64	100	+	+		
3/57	*hemiglobosa*	0,23	36	+	(+)		
39/57	Heller, feinfiedriger Zwergbusch	0,40	63		+		(+)
88/57	Mittelgr. Pflanze mit gekielten Fiedern	1,05	164	+	(+)		
95/57	Schwache, dunkle Pflanze	1,53	239	+			
104/57	Zierliche Pflanze	0,26	41	+	(+)		
119/57	Aufgehellte Pflanze	1,10	172	+			

Tabelle 6: Der Alkaloidgehalt der Blätter einiger Mutanten von *Lyc. esculentum* (Sorte: „Lukullus")

Nr.	Bezeichnung	% Alkaloid- in der Trocken-Substanz	rel. Alkaloid-geh., Kontr. = 100	To.	β-To.	De.	β-De. [2]
36/57	Lukullus-Kontrolle	0,82	100	+	(+)		
175/57	Schmale Fiedern	1,28	156	+		(+)	
206/57	Dürreempfindlich	1,27	155	+	(+)	(+)	
231/57	Kleistogame Blüten	0,44	54	+	(+)		
246/57	*prunoidea*	0,81	99		+		

[2]) To. = Tomatin, β-To. = β-Tomatin, De. = Demissin (?), β-De. = β-Demissin (?)

*) Ergebnisse der Tabellen 5—8 nach Untersuchungen von SCHREIBER

(Tomatin + β-Tomatin) in teilweise beträchtlichen Mengen Glycoside eines Alkaloids mit tertiär gebundenem Stickstoffatom nachgewiesen. Als Aglykone wurden neben Tomatidin, das eine sekundäre Aminogruppe besitzt, die tertiäre Base Demissidin identifiziert. Das bisher noch nicht aus Tomaten isolierte Alkaloid enthält die gleichen 4 Kohlenhydrate wie Tomatin und ist vermutlich mit Demissin identisch. In gleicher Weise dürfte in einigen Mutanten das dem β-Tomatin entsprechende β-Demissin in geringen Mengen vorkommen.

Ob nun die Demissin-Bildung direkt auf eine mutativ bedingte Störung des Alkaloidstoffwechsels zurückgeht, kann z. Z. noch nicht entschieden werden. Es wäre denkbar, daß allgemein Demissidin-Glycoside als Hauptalkaloide der vegetativen Phase, Tomatidinglycoside jedoch vorwiegend im Zuge der reproduktiven Phase der Entwicklung gebildet werden. In diesem Fall wäre das im Gegensatz zu den Kontrollpflanzen bei einigen Mutanten auch am Ende der Vegetationsperiode auftretende Demissidin lediglich ein Indikator der vermutlich in spezifischer Weise gestörten Allgemeinentwicklung der Pflanzen. Die quantitativen Unterschiede im relativen Alkaloidgehalt der Mutanten dürften in ähnlicher Weise deutbar sein. Geplante systematische Alkaloiduntersuchungen im Verlaufe der Vegetationsperiode sollen hierüber weitere Auskunft geben.

Die direkte Umwandlung von Demissidin in Tomatidin ist vom biochemischen Standpunkt aus unwahrscheinlich. Naheliegender ist, daß die Biosynthese der genannten Steroidalkaloide und Sapogenine, ausgehend von einem gemeinsamen Intermediärprodukt, parallel verläuft, wobei in Abhängigkeit von den jeweiligen Vegetationsstadien und Entwicklungsbedingungen der eine oder andere Syntheseweg bevorzugt wird.

Vermutlich genbedingte Störungen bezüglich der Biosynthese der Kohlenhydratkomponenten der Alkaloidglycoside wurden in 2 Mutanten festgestellt (s. Tab. 5, Nr. 39/57 und Tab. 6, Nr. 246/57). In beiden Fällen wurden ausschließlich Glyco-

Tabelle 7: Der Alkaloidgehalt der Blätter einiger Mutanten von *Lyc. esculentum* (Sorte: „Rheinlands Ruhm")

Nr.	Bezeichnung	% Alkaloid in der Trocken-Substanz	rel. Alkaloid-geh., Kontr. = 100	To.	β-To.	De.	β-De[3])
276/57	Rheinlands Ruhm-Kontrolle	1,11	100	+	+		
273/57	Gelblich-grüne Pflanze mit schlechtem Ansatz	0,52	47	+	(+)	(+)	
287/57	Sprosse gekrümmt, fast kriechend	1,45	130	+			
307/57	Blätter kurz, glänzend, stark gekrümmt	0,79	71	+		+	
308/57	Ältere Blätter gerollt	0,44	40	+	(+)	+	(+)
328/57	*lurida*	0,61	55	+	(+)		

[3]) To. = Tomatin, β-To. = β-Tomatin, De. = Demissin (?), β-De. = β-Demissin (?)

Tabelle 8: Der Alkaloidgehalt der Blätter einiger Mutanten von *Lyc. pimpinellifolium*

Nr.	Bezeichnung	% Alkaloid in der Trocken-Substanz	rel. Alkaloid-geh. Kontr. = 100	To.	β-To.	De.	β-De. [4])
P 1/57	Pimp.-Kontrolle	1,00	100	+	(+)		
P 19/57	Dicht gefiederte Pflanze	1,96	196	+	+	(+)	(+)
P 44/57	Kriech. Pflanze mit langgestielten Blättern u. Fiedern	2,14	214	+			
P 76/57	Kleiner dichter Busch	0,55	55	+	(+)	(+)	
P 79/57	Kleine hellgrüne Pflanze	0,50	50	+	(+)		
P 81/57	Lockerer kleiner Busch mit ovalen Fiedern	0,44	44	+			
P 125/57	Heller Busch	0,76	76	(+)		+	(+)
P 132/57	Hellgrün	2,28	282	(+)		+	
P 177/57	Graugrüne, dichtsitzende Fiedern	1,52	152	(+)		+	
P 188/57	Stark Anthozyan-halt., anfangs dicht belaubt	0,73	73	+		+	
P 201/57	Junge Fiedern gekraust	1,53	153	+	(+)	+	(+)
P 205/57	Mikado-Blatt	2,43	243	+		(+)	
P 208/57	Dunkelgrüne, dicht gefiederte Pflanze	1,33	133	+	+	+	+
P 213/57	Kräftige Pflanze mit blasigen Fiedern	2,38	238	+	(+)	(+)	
P 216/57	Fiedern fast ganzrandig	2,27	227	+	(+)		

[4]) To. = Tomatin, β-To. = β-Tomatin, De. = Demissin (?), β-De. = β-Demissin (?)

alkaloide isoliert, die sich im Gegensatz zu Tomatin und Demissin als xylosefrei erwiesen (β-Tomatin, bei Nr. 39/57 zusätzlich geringe Mengen β-Demissin).

Die hier angedeuteten Untersuchungen an Tomaten-Mutanten sollen einen Beitrag zur Klärung der Biogenese der in diesen Pflanzen vorkommenden Steroidalkaloidglycoside liefern. Darüber hinaus können wir hoffen, Mutanten zu finden, die sich durch einen hohen Tomatingehalt und -ertrag auszeichnen. Die Mutanten P 44/57, P 205/57, P 213/57 und P 216/57 von *Lycopersicon pimpinellifolium* (s. Tab. 8) scheinen diese Bedingungen zu erfüllen, da ihr Tomatingehalt über 100% gegenüber der Kontrolle gesteigert ist. Diese Pflanzen würden ein bevorzugt geeignetes Ausgangsmaterial für die Gewinnung des auch praktisch bedeutungsvollen Alkaloides darstellen.

Schließlich kann ich darauf hinweisen, daß auch unsere im Jahre 1954 begonnenen Mutationsversuche an Obst bereits die ersten Erfolge zeigen. Mein Mitarbeiter Gröber hat bisher 3006 Pfropfreiser und 2075 Apfelknospen zur Okulation von 4 verschiedenen hochwertigen Apfelsorten (Weißer Klarapfel, James Grieve, Ontario und Gravensteiner) bestrahlt und in das Kronengerüst 8—9jähriger Bäume gepfropft. Bisher konnte eine beträchtliche Anzahl von Variationen in der Reifezeit, der Fruchtform und Fruchtfarbe, der Stiel- und Kelchgrube und der Fruchtgröße beobachtet werden. Der mutative Charakter dieser Veränderungen kann bei dem gegenwärtigen Stand der Untersuchungen noch nicht mit Sicherheit festgestellt werden, mit Ausnahme des Merkmals „rote Fruchtfarbe“ bei der Sorte „Weißer Klarapfel“.

Bei dieser Sorte wurden die ersten rotgestreiften Früchte bereits 1956 geerntet. Weitere Früchte mit demselben Merkmal wurden 1957 und 1958 geerntet. Unter 1132 in den letzten 3 Jahren geernteten Fruchtproben traten 54, also 4,8% mit mehr oder weniger stark gefärbten Früchten auf. Schon im August 1956 wurden von 2 Trieben 11 Knospen isoliert und auf blühreife Bäume der Sorte „Boskoop“ gebracht. Von diesen trugen 1958 bereits 2 Zweige wieder rotgestreifte Früchte, so daß diese Veränderungen wohl mit Sicherheit auf somatische Mutationen zurückgeführt werden können (s. Abb. 8).

Bei der Sorte „Weißer Klarapfel“ wurden spontane Mutationen zu roter Fruchtfarbe bisher nicht beobachtet, obwohl dieser Apfel seit Ende des vorigen Jahrhunderts in ganz Europa zunehmende Bedeutung erhalten hat. Rot gefärbte Früchte sind bei dieser Sorte immer wieder gesucht worden, und schon 1912 hat der Deutsche Pomologenverein auf einer Tagung in Eisenach neben anderen Forderungen auch die nach einem „guten, reichtragenden, schön gefärbten, großen August-Apfel“ und einem „Klarapfel mit roter Fruchtfarbe“ gestellt. Diese seit mehr als 40 Jahren gesuchte Mutante hat sich nun in einem hohen Prozentsatz experimentell erzeugen lassen.

Zusammenfassend läßt sich sagen, daß mit Hilfe der experimentellen Mutationsforschung die Erzeugung einer großen Anzahl sehr verschiedener Formen bei allen Kulturpflanzen möglich ist, die die Erreichung aktueller Zuchtziele oder mindestens einen entscheidenden Schritt in dieser Richtung bedeuten. Durch manche induzierten Merkmale ist eine qualitative Verbesserung der Kulturpflanzen gegeben. Dabei ist die Bedingung, daß das Ertragsvermögen der Ausgangssorten erhalten bleibt, weitgehend erfüllbar. In einzelnen Fällen sind sogar gleichzeitig Ertragssteigerungen möglich. Der besondere Wert der induzierten Mutanten beruht, bei entsprechenden Ausgangssorten auf ihrer günstigen idiotypischen Konstitution. Durch den Aufbau umfangreicher Mutantensortimente auf der Basis leistungsfähiger Sorten lassen sich vorzügliche Reservoire wertvollen theoretischen Materials wie wichtigen Ausgangsmaterials für die Züchtung schaffen. Durch einfache Kreuzungen, ohne das mühsame und langwierige Verfahren der wiederholten Rückkreuzungen anwenden zu müssen, kann man zu einer Vielzahl neuer Merkmalskombinationen kommen, die die Verwirklichung mehrerer Zuchtziele gleichzeitig bedeuten können. Solche Kombinationskreuzungen zwischen verschiedenen Mutanten müssen der Erzeugung und der Leistungsprüfung züchterisch wertvoller Mutanten unbedingt folgen. Wir sind nach unseren Erfahrungen der Ansicht, daß die Mutationszüchtung als eine neue Methode der Pflanzenzüchtung bei vielen unserer Kulturpflanzen ihre Berechtigung bewiesen hat, und daß mit ihr Leistungssteigerungen erzielt werden können, wie dies insbesondere bei alten und züchterisch seit langem bearbeiteten Kulturpflanzen mit den klassischen Methoden der Pflanzenzüchtung nicht möglich ist.

Wir haben im Institut für Kulturpflanzenforschung in Gatersleben nicht die Aufgabe, selbst neue Sorten zu züchten. Unser Anliegen ist einmal die Erhaltung und theoretische Bearbeitung der großen Formenmannigfaltigkeit, wie sie uns das Weltsortiment der Kulturpflanzen, ihre Primitiv- und Wildformen, in immer neuer Fülle bieten. Hinzu treten nun die experimentell erzeugten Mutanten von einigen Kulturpflanzen, die in Gatersleben in großem Umfang angebaut und bearbeitet werden. Nach einer Vorselektion auf züchterische Brauchbarkeit werden die für die Schaffung neuer Sorten geeigneten Mutanten in die Hände bewährter Züchter gegeben, und wir erwarten, daß aus ihnen in den nächsten Jahren neue leistungsfähige Formen entstehen.

Ausgehend von theoretischen Erkenntnissen ergibt sich auf dem Gebiet der Mutationsforschung auf diese Weise eine enge Verbindung zwischen der wissenschaftlichen Arbeit in einem Forschungsinstitut und der praktischen Landwirtschaft, mit dem Ziel, die Erträge unserer Kulturpflanzen immer mehr zu steigern und damit ganz allgemein einer Forderung gerecht zu werden, die heute mehr denn je an wissenschaftliche Forschung gestellt wird.

LITERATUR

BACKUS, M. P., J. F. STAUFFER und M. J. JOHNSON, 1946: Penicillin yields from new mold strains. Amer. Chem. Soc. J. **68**, 152—153. Zitiert nach RAPER und THOM (1949).

BANDLOW, G., 1951: Mutationsversuche an Kulturpflanzen. II. Züchterisch wertvolle Mutanten bei Sommer- und Wintergersten. Der Züchter **21**, 357—363.

—, 1954: Mutationsversuche an Kulturpflanzen. III. Über genetische Vorstufen der Kapuzengerste mit variabler Manifestierung bei röntgeninduzierten Mutanten. Der Züchter **24**, 20—27.

BAUER, R., 1957: The induction of vegetative mutations in *Ribes nigrum*. Hereditas **43**, 323—337.

BISHOP, C. J., 1954: Mutations in apples induces by X-radiation. J. Hered. **45**, 99—104.

BUHR, H., R. TOBALL und K. SCHREIBER, 1958: Die Wirkung von einigen pflanzlichen Sonderstoffen, insbesondere von Alkaloiden auf die Entwicklung der Larven des Kartoffelkäfers (*Leptinotarsa decemlineata* Say.). Ent. exp. a. appl. **1** (im Druck).

BUSHLAND, R. C., E. F. KNIPLING und A. W. LINDQUIST, 1956: Eradication of the screw-worm fly by releasing gamma-ray-sterilized males among the natural population. Proc. Int. Conf. Peaceful Uses Atom. Energy **12**, 216—220.

DELAUNAY, L. N., 1931: Resultate eines dreijährigen Röntgenversuchs mit Weizen. Der Züchter **3**, 129—137.

—, 1934: Experimentell erzeugte Mutationen bei Weizen. Verlag Ukr. Akad. f. Landw. Wiss.: S. 1—56 (russisch).

FLOR, H. H., 1955: Host-parasite interaction in flax rust — its genetics and other implications. Phytopathology **45**, 680—685.

FONTAINE, T. D., G. W. IRVING, R. MA, J. B. POOLE und S. P. DOOLITTLE, 1948: Isolation and partial characterization of crystalline tomatine, an antibiotic agent from the tomato plant. Arch. Biochemistry **18**, 467—475.

FONTAINE, T. D., P. S. SCHAFFER, H. M. DOUKAS, W. E. SCOTT, R. M. MA, V. A. TURKOT, F. DEEDS, R. H. WILSON und S. P. DOOLITTLE: Tomato leaves, a potential alkaloid and sterol source. Agr. Res. Serv., ARS-73-8, 23 Seiten.

FREISLEBEN, R. und A. LEIN, 1942: Über die Auffindung einer mehltauresistenten Mutante nach Röntgenbestrahlung einer anfälligen reinen Linie von Sommergerste. Naturw. **30**, 608.

— und —, 1943: Möglichkeiten und praktische Durchführung der Mutationszüchtung. Kühn-Arch. **60**, 211—225.

— und —, 1944: Röntgeninduzierte Mutationen bei Gerste. Der Züchter **16**, 49—64.

FREY, K. J., 1955: Agronomic mutations in oats induced by X-ray treatment. Agronomy J. **47**, 207—210.

FRÖIER, K., 1954: Aspects of the agricultural value of certain barley X-ray mutations produced and tested at the Swedish Seed Association, Svalöf, and its branch stations. Acta Agric. Scand. **4**, 515—543.

GRANHALL, I., 1954: Spontaneous and induced bud mutations in fruit trees. Acta Agric. Scand. **4**, 594—600.

GREGORY, W. C., 1956: Induction of useful mutations in the peanut. Brookhaven Symp. Biol. **9** („Genetics in Plant Breeding"), 177 bis 190.

GUSTAFSSON, Å., 1947: Mutations in agricultural plants. Hereditas **33**, 1—100.

—, 1954a: Swedish mutation work in plants. Background and present organization. Acta Agric. Scand. **4**, 361—364.

—, 1954b: Mutations, viability, and population structure. Acta Agric. Scand. **4**, 601—632.

— and O. TEDIN, 1954: Plant-Breeding and mutations. Acta Agric. Scand. **4**, 633—639.

HÄNSEL, H. und J. ZAKOVSKY, 1956: Röntgeninduzierte Mutanten der Vollkorngerste (*Hordeum distichum nutans*). I. Bestrahlung und Auslese auf Mehltauresistenz. Bodenkultur **9**, 50—64.

HOFFMANN, W., 1951: Ergebnisse der Mutationszüchtung. Vorträge über Pflanzenzüchtung 1951, herausgeg. vom Land- und Forstwirtschaftl. Forschungsrat e. V. Bonn, 36—53.

KELNER, A., 1948: Studies on the genetics of antibiotic formation: The induction of Antibiotic-Forming mutans in Actinomycetes. J. Bact. **56**. Zitiert nach GERSCH (1957).

KONZAK, C. F., 1954: Stem rust resistance in oats induced by nuclear radiation. Agronomy J. **46**, 538—540.

KUCKUCK, H., 1934: Züchterische und genetische Versuche mit Gerste. Naturw. **22**, 276—278.

LOCKWOOD, L. B., K. B. RAPER, A. J. MOYER und R. D. COGHILL, 1945: The production and characterization of ultraviolet-induced mutations in *Aspergillus terreus*. III. Biochemical characteristics of the mutations. Amer. J. Bot. **32**, 214—217.

MACKEY, J., 1954: Mutation breeding in polyploid cereals. Acta Agric. Scand. **4**, 549—557.

MUERS, W. M., E. R. AUSEMUS, F. K. S. KOO und K. J. HSU, 1956: Resistance to rust induced by ionizing radiations in wheat and oats. Proc. Int. Conf. Peaceful Uses Atom. Energ. Geneva 1955, **12**, 60—62.

MULLER, H. J., 1927: Artificial transmutation of the gene. Science **66**, 84—87.

—, 1928: The problem of genic modification. Verh. Intern. Kongr. Vererbungsw. Berlin 1927, **1**, 234—260 (Z. Vererbungsl. Supplementbd. 1).

NILSSON-EHLE, H., 1939: Polymere Röntgenmutationen bei *Hordeum*. Nova Acta Leop. N. F. **6**, 569—570.

NOVER, I., 1957: Sechsjährige Beobachtungen über die physiologische Spezialisierung des echten Mehltaus (*Erysiphe graminis* DC.) von Weizen und Gerste in Deutschland. Phytopath. Z. **31**, 85—107.

— und G. BANDLOW, 1938: Mutationsversuche an Kulturpflanzen. VIII. Mehltauresistenz und ihre Genetik bei Wintergerstenmutanten. Der Züchter **28**, 184—189.

NYBOM, N., 1954: Karyotype and viability in barley. Acta Agric. Scand. **4**, 507—514.

—, 1956: On the differential action of mutagenic agents. Hereditas **42**, 211—217.

PROKOFIEVA-BELGOVSKAYA, A. A., S. I. ALIKHANIAN, O. N. KAPITONOVA und L. I. EROKHINA, 1958: The cytology of the radiation mutants of actinomyces. Izv. Akad. Nauk SSSR, Ser. Biol. (Bull. Acad. Sci. USSR, Biol. Ser.), 1958, 193—201 (russisch mit engl. Zusammenfassung).

RAPER, K. B. und D. F. ALEXANDER, 1945: Penicillin. V. Mycological aspects of penicillin production. Elisha Mitchel Sci. Soc. J. **61**, 74—113. Zit. nach RAPER und THOM (1949).

—, D. F. ALEXANDER und R. D. COGHILL, 1944: Penicillin. II. Natural variation and penicillin production in *Penicillium notatum* and allied species. J. Bact. **48**, 639—659.

RAPER, R. D. COGHILL und A. HOLLAENDER, 1945: The production and characterization of ultraviolet-induced mutations in *Aspergillus terreus*. II. Cultural and morphological characteristics of the mutations. Amer. J. Bot. **32**, 165—176.

— und C. THOM, 1949: A Manual of the Penicillia. Baltimore (The Williams & Wilkins Company).

SAPEHIN, A. A., 1930: Röntgenmutationen beim Weizen (*Triticum vulgare*). Der Züchter **2**, 257—259.

—, 1935: X-ray mutants in durum wheat. Bot. Z. USSR. **20**, 3—9 (russisch).

—, 1936: Röntgenmutationen bei Weichweizen. Trudy prikl. Bot. i pr. II, Genetics, Plant Breeding and Cytology Nr. 9, 3 (1936) (russisch mit englischer Zusammenfassung).

SEARS, E. R., 1956: The transfer of leaf-rust resistance from Aegilops umbellulata to wheat. Brookhaven Symp. Biol. **9** („Genetics in Plant Breeding"), 1—22.

SCHOLZ, F., 1955: Mutationsversuche an Kulturpflanzen. IV. Über den züchterischen Wert zweier röntgeninduzierter nacktkörniger Gerstenmutanten. Kulturpflanze **3**, 69—89.

—, 1956: Mutationsversuche an Kulturpflanzen. V. Die Vererbung zweier sich variabel manifestierender Übergangsmerkmale von bespelzter zu nackter Gerste bei röntgeninduzierten Mutanten. Kulturpflanze **4**, 228—246.

—, 1957: Mutationsversuche an Kulturpflanzen. VII. Untersuchungen über den züchterischen Wert röntgeninduzierter Mutanten verschiedener Merkmalsgruppen bei Sommer- und Wintergerste. 1. u. 2. Teil. Z. Pflanzenzüchtg. **38**, 181—220 und 225—274.

—, 1958: Mutationsversuche an Kulturpflanzen. IX. Über den Rohproteingehalt röntgeninduzierter Gerstenmutanten. Der Züchter **28**, (im Druck).

—, 1958: Smooth-awned barley mutants induced by X-rays. Proc. X. Int. Congr. Genet. (im Druck).

— und CHR. O. LEHMANN, 1958: Die Gaterslebener Mutanten der Saatgerste in Beziehung zur Formenmannigfaltigkeit der Art *Hordeum vulgare* L. s. l. I. Kulturpflanze **6**, 123—166.

SCHREIBER, K., 1957: Natürliche pflanzliche Resistenzstoffe gegen den Kartoffelkäfer und ihr möglicher Wirkungsmechanismus. Der Züchter **27**, 289—299.

—, 1957: Neuere Untersuchungen auf dem Gebiet der *Solanum*-Alkaloide. Abhandl. Dtsch. Akad. Wiss., Berlin, Kl. f. Chem., Geol. u. Biol. 1956, Nr. 7, 143—156.

SCHREIBER, K., 1958: Über einige Inhaltsstoffe der Solanaceen und ihre Bedeutung für die Kartoffelkäferresistenz. Ent. exp. & appl. **1**, 28—37.

STADLER, L. J., 1928: Mutations in barley induced by X-rays and radium. Science **68**, 186—187.

—, 1930: Some genetic effects of X-rays in plants. J. Hered. **21**, 3—19.

STUBBE, H., 1929: Über die Möglichkeiten der experimentellen Erzeugung neuer Pflanzenrassen durch künstliche Auslösung von Mutationen. Der Züchter **1**, 6—11.

—, 1934: Die Bedeutung der Mutationen für die theoretische und angewandte Genetik. Naturwissenschaften **22**, 781—787.

—, 1941: Pflanzenzüchtung und Mutationsforschung. Forschungsdienst, Sonderheft **16**, 333—338.

—, 1957: Mutanten der Kulturtomate *Lycopersicon esculentum* Miller. I. Kulturpflanze **5**, 190—220.

—, 1958: Mutanten der Kulturtomate *Lycopersicon esculentum* Miller. II. Kulturpflanze **6**, 89—115.

— und G. BANDLOW, 1947: Mutationsversuche an Kulturpflanzen. I. Röntgenbestrahlungen von Winter- und Sommergersten. Der Züchter **17/18**, 365—374.

WHEELER, H. E. und H. H. LUKE, 1955: Mass screening for disease-resistant mutants in oats. Science **122**, 1229.

ZACHARIAS, M., 1956: Mutationsversuche an Kulturpflanzen. VI. Röntgenbestrahlungen der Sojabohne (*Glycine soja* (L.) Sieb. et Zucc.). Der Züchter **26**, 321—338.

ZWINTZSCHER, M., 1955: Die Auslösung von Mutationen als Methode der Obstzüchtung. I. Die Isolierung von Mutanten in Anlehnung an primäre Veränderungen. Der Züchter **25**, 290—302.

Abb. 1. rechts normale Pflanze der *Antirrhinum majus* Sippe 50, links aus dieser Sippe entstandene unverzweigte Mutante *eramosa*.

Abb. 2. normaler, zygomorpher Blütenstand der *Antirrhinum majus* Sippe 50.

Abb. 3. Blütenstand der Mutante eramosa mit stark deformierten und zerrissenen Blüten.

Abb. 4. Neuzüchtung nach Einkreuzung der Mutante *eramosa* in *Antirrhinum*-Zuchtsorten, Sorte „Vulkan“.

Abb. 5. Neuzüchtung nach Einkreuzung der Mutante *eramosa* in *Antirrhinum*-Zuchtsorten, Sorte „Goldina“.

Abb. 6. rechts die Mutante eramosa von *Antirrhinum majus* in der Ausgangssippe 50, links ein Exemplar der Neuzüchtung „Vulkan“.

Abb. 8. Obere Reihe: Ausgangssorte Weißer Klarapfel. Untere Reihen: Durch somatische Mutation entstandene rot gefärbte Früchte der gleichen Sorte. (Nach GRÖBER)

Bei Fragen zur Produktsicherheit wenden Sie sich bitte an:
If you have any questions regarding product safety,
please contact:

Walter de Gruyter GmbH
Genthiner Straße 13
10785 Berlin
productsafety@degruyterbrill.com